BEI GRIN MACHT SICH IHR WISSEN BEZAHLT

- Wir veröffentlichen Ihre Hausarbeit, Bachelor- und Masterarbeit

- Ihr eigenes eBook und Buch - weltweit in allen wichtigen Shops

- Verdienen Sie an jedem Verkauf

Jetzt bei www.GRIN.com hochladen und kostenlos publizieren

Bibliografische Information der Deutschen Nationalbibliothek:

Die Deutsche Bibliothek verzeichnet diese Publikation in der Deutschen National-
bibliografie; detaillierte bibliografische Daten sind im Internet über http://dnb.d-
nb.de/ abrufbar.

Impressum:

Copyright © 2017 GRIN Verlag, Open Publishing GmbH
Druck und Bindung: Books on Demand GmbH, Norderstedt Germany
ISBN: 9783668495197

Michael Dienst

Rotationssegelapparat zur Nahfeldobservation

Transactions in Suffering Innovations T09 SI521

GRIN Verlag

„Transactions in suffering Innovations"

Ideen verbrennen im Park

Der Wedding ist heute wunderschön
und ich fühl` mich seltsam stark.
Was hält mich da noch im Labor?
Wir gehen zum Led Zeppelin,
der gefällt mir mehr als je zuvor,
bei ungefähr tausend Kelvin.
Komm, lass uns Patente verbrennen im Park.

Mi. Berlin 2016

Den Ausführungen sei ein Traktat vorangestellt. Die Textbeiträge zum Stand der Technik und den „Transactions in Suffering Innovations" besitzen ein dynamisches Format und sind, beginnend im November 2016, in folgender Weise geordnet und Überschrieben:

Titel:	Artefakt
Untertitel:	Transactions in Suffering Innovations T[NUMMER]SI[Mi-KENNUNG]
Datum:	Freigabe
Prolog	[Kontext]
Kerntext	[Technische Beschreibung]
Epilog	[Hintergründe und Dialoge]

Traktat

über die Beiträge zum Stand der Technik und zu den „Transactions in Suffering Innovations"

Die „Transactions in Suffering Innovations" bilden eine Sammlung von Schriften über Artefakte im Themenfeld Biologie & Technik, die in loser Reihenfolge erscheint. Es besteht durchaus die Absicht, den Stand der Technik zu verändern.

Gegenstand der Beiträge zu den Schriften der „Transactions in Suffering Innovations" sind Artefakte, Problemlösungen, Gestaltungsfragen und die kritische Auseinandersetzung mit Themen der Bionik, also Technik nach Vorbildern aus der belebten und unbelebten Natur und ihre Umsetzung. In ausgesuchten Fällen sind Technische Beschreibungen nach Standards des Deutschen Patent und Markenrechts[1] verfasst.

Mit den „Transactions in Suffering Innovations" soll der Fortschritt auf dem Gebiet der angewandten Bionik dadurch gefördert werden, dass die dargestellten notleidenden Artefakte, Problem- und Gestaltungslösungen frei von Rechten Dritter sind und mit ausdrücklicher Genehmigung dem Leser zur Nutzung verfügbar werden.

In den „Transactions in Suffering Innovations" werden ausschließlich Artefakte offeriert, die nicht unter das Arbeitnehmererfindungsgesetzes ArbErfG[2] fallen oder in der Vergangenheit fielen.

Die in den „Transactions in Suffering Innovations" dargestellten Artefakte sind insofern notleidend, da sie einerseits aus materieller Not nicht weiterverfolgt werden, ein Umstand der sich vielleicht wieder ändern mag. Andererseits sind die dargestellten Artefakte notleidend, weil sie möglichweise auftretender oder voranschreitenden geistigen Umnachtung zum Opfer zu fallen drohen; ein Umstand der sich wohl nicht mehr ändern wird.

Als Übergeordneter Absicht gilt es solche Forschung anzustoßen, die Lösungswege der Übertragung biologischer Phänomene untersucht und Fragestellungen betrifft, die im Zusammenhang stehen mit Natur und Technik.

Die Beiträge zum Stand der Technik und den „Transactions in Suffering Innovations" sind in deutscher Sprache verfasst. Dem Text wird gegebenenfalls eine teilweise oder vollständige Übersetzung in englischer Sprache beigestellt. In einer Ausgabe der Schriftensammlung wird jeweils nur ein Werk platziert. Den Ausführungen wird gegebenenfalls ein Prolog vor und ein Epilog nachgestellt.

Mi. Dienst

---

[1] https://www.dpma.de/patent/anmeldung/index.html
[2] Am 7. Februar 2002 trat die Novellierung des Arbeitnehmererfindungsgesetzes ArbErfG in Kraft.

Titel: **Rotationssegelapparat zur Nahfeldobservation**

Untertitel: Transactions in Suffering Innovations T09 SI521
26. Juli 2017

Technische Beschreibung

Rotationssegelapparat zur Nahfeldobservation

Die Erfindung betrifft Einen Rotationssegelapparat in der Art eines Bumerangs. Betriebs- und Flugweise des Rotationssegelapparats entsprechen denen eines traditionellen Bumerangs. Die Flugbahn des Rotationssegelapparats kann mittels eines ansteuerbaren Drehimpuls-wandlers manipuliert werden derart, dass die Primärrotation durch Impulsaustausch beeinflusst wird. Der Betrieb und die Funktion des Drehimpulswandlers wird vom Anwender durch einen Sender vom Boden aus gesteuert. Am Knie der Tragflügel befindet sich eine Kameraeinheit, die zur Nahfeldobservation einsetzt wird. Die Auswertung der Bilddaten erfolgt während des Fluges per Funk oder nach der Landung des Rotationssegelapparates.

Stand der Technik und Entgegenhaltungen

Der Bumerang ist eine traditionelle Wurfwaffe. Rotationssegelapparate wie Bumerangs sind Freiflieger. Der Ursprung des Bumerangs ist bislang keiner indigenen Kultur explizit zuordenbar. In Nordafrika ist der Gebrauch des Wurfholzes seit dem Neolithikum (ab ca. 6000 v.Chr.) nachgewiesen. In der Neuzeit wird der Bumerang vor allem als Sportgerät genutzt. Bumerangs können aus Holz, Knochen, Metall oder Kunststoffen gefertigt sein. Während Sportbumerangs bei korrektem Wurf zum Werfer zurückkehren, war dies beim traditionellen australischen Wurfholz (Kylie) dagegen nicht zwingend der Fall. Der Vorteil des Kylie besteht darin, dass er weiter, geradliniger und damit auch zielsicherer fliegt als ein rückkehrender Bumerang.
Für das Freifluggebaren eines Bumerangs gibt es derzeit noch kein befriedigendes physikalisches Modell. Gleichzeitig existiert eine enorme Vielfalt funktiontauglicher gestalterischer Lösungen. Abhängig von dem Gewicht, der Massenverteilung und dem aerodynamischen Auftrieb der Rotationstragflächen kommt dem lokalen und dem Gesamt-Drehimpulsgeschehen der entscheidende Einfluss auf die Flugbahn jedes Rotationssegel-apparates zu. Letztendlich trägt die Wurftechnik Anteil am aerodynamischen Geschehen.
In Sicherheitsbereichen (Polizei, Militär) sind Observationskameras Stand der Technik. Rotierende oder extrem beschleunigte Bildaufzeichnungsgeräte stellen hierbei kein technisches Problem dar, sondern sind vielmehr Grundlage räumlicher Darstellungen der observierten Szenerie. Die Komplexität der Auswertung des Bildmaterials wird über Software vom Stand der Technik geleistet. Die Auswertung der Bilddaten erfolgt während des Fluges per Funk oder nach der Landung.
Unter der Veröffentlichungsnummer US906206 A wurde den Amerikanern Clarence L. und Erwin M Dawes 1908 ein Patent über einen Bumerang erteilt.

Problemstellung

Nach dem Abwurf ist ein Bumerang einer Steuerung und einer Beeinflussung der Flugbahn durch den Werfer entzogen.

Problemlösung

Durch Beschleunigung einer Drehmasse wird Einfluss auf die Rotationsbewegung des Bumerangs genommen. Dies verändert die Flugbahn des Rotationssegelapparates. Die Rotationsbeschleunigung kann positiv, negativ und graduell sein. Die physikalische Wirkung ist die eines Drehimpuls-Austauschs des Rotationssystems mit dem Gehäuse: Lastwechsel-reaktion.

Erreichbare Vorteile

Durch den Einfluss auf die Rotationsbewegung kann die Flugbahn des Rotationssegel-apparates geändert werden. Bestückt mit einer Kamera stellt das System nach Anspruch 1 eine Alternative zu Motordrohnen vom Stand der Technik dar. Der Rotationssegelapparat nach Anspruch 1 ist sehr robust, die Elektronik ist einfach, die Einsatzzeit beträgt nur Sekunden, so dass die Stromversorgung klein, und kostengünstig ist. Das ist von wirtschaftlichem Vorteil.

Aufbau und Wirkungsweise

Luv-Tragflügel LUT, Lee-Tragflügel LET, Zentralgehäuse ZG, Kameraeinheit KEI und Drehimpulswandler DIW bilden eine organisatorische und konstruktive Einheit. Die skizzenhafte Darstellung FIGUR 1 zeigt den grundsätzlichen Aufbau des Rotationssegel-apparates. Im Drehimpulswandler DIW bilden ein Elektromotor M, die Energieversorgung A durch Batterien, Akkumulatoren oder Superkondensatoren, die Regelungselektronik R für den Motor M und die Empfängereinheit E eine organisatorische und konstruktive Einheit und gemeinsam ein hinsichtlich der Massenkräfte gewuchtetes Rotationssystem, dessen zentrale Welle W mit dem Zentralgehäuse ZG verbunden ist. Die skizzenhafte Darstellung FIGUR 2 zeigt die grundsätzliche Anordnung (Packaging) der Komponenten des Drehimpuls-wandlers DIW.
Die Kameraeinheit ist ein Zukaufteil vom Stand der Technik. Der Rotationssegelapparat wird in erster Linie urformend aus Kunststoffen hergestellt. Alle Komponenten des Drehimpuls-wandlers sind Bauteile vom Stand der Technik im Sinne von Zukaufteilen. Die Steuerungs-einrichtung am Boden ist grundsätzlich mit Mess- Regelungs- und Steuerungstechnik rezenter Flugdrohnen vom Stand der Technik zu realisieren.
Nach Abwurf hat der Rotationssegelapparat zwei Bewegungskomponenten. Es gibt eine primäre Rotationsbewegung PRR und eine Bahnkurve, die ihrerseits eine makroskopische Meta-Rotation darstellt. Beide Bewegungskomponenten erzeugen

eine komplexe vektorielle Strömungswirklichkeit an den Tragflügeln des Rotationssegelapparates dessen Tragflügel somit ständig von einer anderen Richtung beströmt werden. Die Impulsbilanz des freifliegenden Rotationssegelapparats kann mit dem ansteuerbaren Drehimpulswandlers manipuliert werden. Durch eine regelbare Beschleunigung der Drehmasse wird Einfluss genommen auf die Rotationsbewegung. Dies verändert die Flugbahn des Rotationssegel-apparates. Der Betrieb und die Funktion des Drehimpulswandlers wird vom Anwender durch einen Sender vom Boden aus gesteuert. Hierfür sind unterschiedlich Lösungen vom Stand der Technik möglich. Der Einfluss der Rotation auf die Empfangs- und Regeleigenschaften des Drehimpulswandler wird gering geschätzt. Der Rotationssegelapparat kann als Sport-gerät eingesetzt werden oder in Sicherheitsbereichen (Polizei, Militär). Das rotierende bzw. extrem beschleunigte Bildaufzeichnungsgerät und seine auf Datenträger abgelegten Bilddaten sind Grundlage räumlicher Darstellungen der observierten Szenerie. Die Komplexität der Auswertung des Bildmaterials wird über Software geleistet.

Bezeichnungen von Funktionseinheiten und Bauteilen

LUT Luv –Tragfläche des Rotationssegelapparates
LET Lee –Tragfläche des Rotationssegelapparates
ZG Zentrales Gehäuse
TP Tragflächenprofilkontur
KEI Kameraeinheit
DIW Drehimpulswandler
E Empfänger der Steuerungssignale
A Energieversorgung
M Elektromotor
W Welle des Motors
R Regelungselektronik
SA Zentrale Symmetrieachse
PRR primäre Rotationsrichtung

FIGUR 1

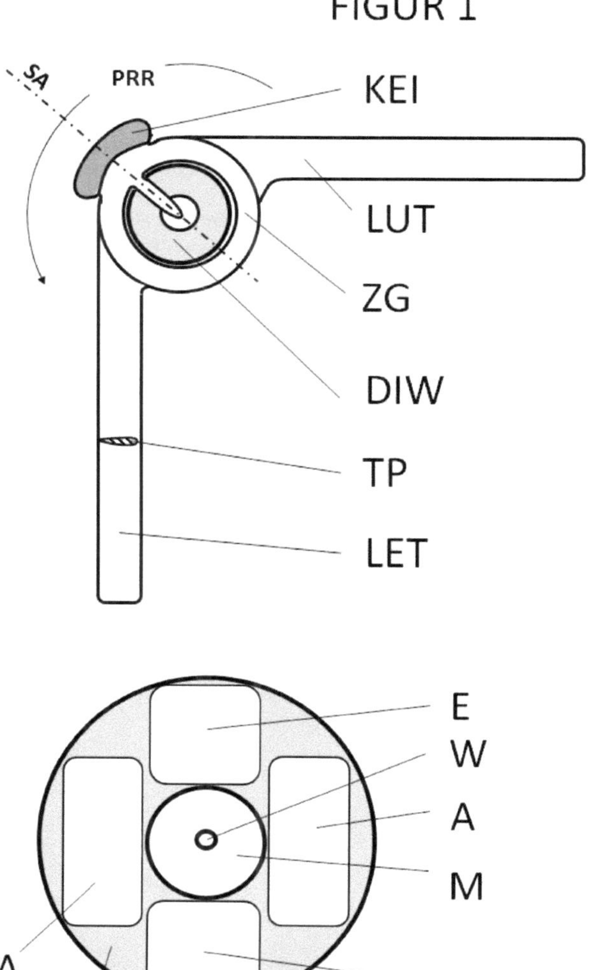

FIGUR 2

Ansprüche

(1)   Rotationssegelapparat in der Art eines Bumerangs dadurch gekennzeichnet,

dass Luv- und Lee-Tragflügel, Zentralgehäuse, Kameraeinheit und Drehimpulswandler eine organisatorische, konstruktive und funktionale Einheit bilden.

(2)   Rotationssegelapparat nach Anspruch 1 dadurch gekennzeichnet,

dass die Flugbahn des Rotationssegelapparats kann mittels eines ansteuerbaren Drehimpulswandlers manipuliert werden derart, dass die Primärrotation durch Impulsaustausch beeinflusst wird.

(3)   Rotationssegelapparat nach Anspruch 1 dadurch gekennzeichnet,

dass Betrieb und Funktion des Drehimpulswandlers vom Anwender gesteuert wird.

(4)   Rotationssegelapparat nach Anspruch 1 dadurch gekennzeichnet,

dass am Knie der Tragflügel eine Kameraeinheit angebracht ist und die Auswertung der Bilddaten während des Fluges per Funk oder nach der Landung des Rotationssegelapparates erfolgt.

Epilog

Es ist Sonntag der 20. November 2016. Totensonntag. Vorhin haben wir die Traueranzeige aus der Tageszeitung geschnitten. Reinhard, erst mein Dozent, dann mein Kollege und seitdem mein Freund — natürlich habe ich mich zu wenig gekümmert in den letzten Jahren - wird in wenigen Tagen als Urne in eine Marienfelder Wiese versenkt. H. wird mich begleiten. Ich bin ihr dankbar dafür.

H: Du weißt aber schon, dass Du gerade Bockmist baust?
Mi: Ja.
H: Ich meine jetzt nicht diesen Schmalz mit dem Big Zeppelin. Und dass Du jetzt auch noch dichten musst. Ich meine die Sache an sich.
Mi: Page nicht Degenhard. *Led* Zeppelin.
H: Was soll der Quatsch mit der Patentverbrennung?

In die Trauer mischt sich Streit, der den vorliegenden Text betrifft. Nicht seinen Inhalt, sondern dass es diesen Aufsatz überhaupt geben soll. H. ist mein bester Freund, meine Ratgeberin und mein Gewissen. Seit weit vielen Jahren. Eigentlich immer schon. Don`t make me loose … Sollte in meiner Umgebung je so etwas wie Moral aufgetaucht sein, dann ist H auch dies. Zunehmend ist H. auch noch mein Gedächtnis. Mit immer gleicher Ruhe und allen Übels verzeihend nimmt sie an meiner Verblödung teil. Und Anteil. Erduldet die alten Methoden und die neu hinzukommenden Rituale, mit denen ich dagegen ankämpfe zu einer Art Gemüse zu werden. Von außen betrachtet muss ich ein Scheusal sein und sie ist so stark. Und viel lieber würde ich mich aus dem Revier schleichen wie ein sterbendes Tier; aber das lässt sie nicht zu. Sie würde es außerdem feige nennen.

H: Patente verbrennen das machen nur Primitive. Willst Du das sein? Du würdest keinen guten Proleten abgeben. Mann, Micha. Nicht mal einen Working Man. Du warst nie ein guter Handwerker, nie. Aber du warst immer ein guter Ingenieur. Der zündet keine Bücher an. Oder den ganzen Wedding gleich.
Mi: Ich *bin* Handwerker.
H: Ha, wenn unser Föhn kaputtgeht, schneide ich den Stecker ab.
Mi: Ja, ich weiß.
H: Damit Du am Leben bleibst. Deine beiden linken Hände sind sprichwörtlich. Aber Du warst ein guter Ingenieur. Ich würde Dich einen genialen Theoretiker nennen.
Mi: Aber auch Schlosser.
H: Vor meiner Zeit.
Mi: Sie haben uns die Türschilder abmontiert. Den Dipl.-Ing., den Master, alles.
H: Das sagtest Du bereits. Jammer, jammer, jammer. Du bleibst Ingenieur.
Mi: Sonstiger Mitarbeiter.
H: Hör auf.
Mi: Wir dürfen keine wissenschaftlichen Aufsätze schreiben. Weil wir neuerdings keine Akademiker mehr sind, sagt ..

H: .. der Vize, ich weiß. Das ist aber jetzt nicht unser Thema. Nicht wieder. Du willst also Deine Bücher verbrennen. Öffentlich. Im Wedding. Kriminell werden. Ich fasse es nicht.
Und übrigens heißt es: „komm wir gehen *Tauben vergiften* im Park"? Dieser Öchi-Typ. Geissler oder so!

Mi: Du kennst Georg Kreissler? Wahnsinn.

H: Das nenne ich übrigens kriminell. Die armen Tauben.

Beide müssen herzhaft lachen. Es ist *der* Running Gag. 1981, sie kannten sich etwa ein halbes Jahr und H. hatte diese Krebsdiagnose. Eine Powerfrau sollte Zytostatika nehmen, bestrahlt werden, die schönen blonden Haare verlieren. Die volle Packung. Ein Anruf mit dem Stationstelefon, wenig Worte nötig, M. war zur Stelle und zur gemeinsamen Flucht bereit. Der ganze Krankenhauskram war schnell eingepackt und man schlich aus dem Zimmer, nicht ohne die „Chemo", jene kleinen roten Pillen der ersten Phase, aus der Verpackung zu drücken und aus dem Zimmerfenster zu werfen. Wie Diebe huschten sie aus der Krebsstation der „Puls-Straße, Frauenklinik Charlottenburg. H. hatte beschlossen: Sie wollte nicht krank sein, sie gab dieser Diagnose keine Chance. Wie sie waren, fuhren die beiden direkt in den Harz. Also Grenzkontrolle, DDR, Hirschberg an einem Stück, mitten in der Woche, Arbeit egal, Klausuren egal, faktisch waren sie an diesem Tag ja schon tot. Aber zusammen. Nach einem wunderbaren verregneten Wochenende lebten sie aber immer noch. Nach zwei Wochen auch. Fünf Wochen nach der Flucht gehen sie gemeinsam ins Krankenhaus und stellten sich den Ärzten, dann der Untersuchung, und schließlich der gesamten Situation. Die Diagnose ist negativ! H: „Der Krebs hat sich verpisst".

Ach so, die Tauben? Als ich mit H durch das Treppenhau hetze, durch das schwere Tor zum Innenhof schlüpfe, sehen wir sie, wie sie die kleinen roten Pillen aufpicken.

H: Das ist Anarchie. Man verbrennt keine Bücher. Niemals.

Mi: Bücher?

H: Aufsätze, Wissenschaft, Forschung, Patente. Was auch immer. Stell Dich nicht doof. Ich will nicht ..

Mi: .. mit einem Anarchisten in einem Bett schlafen.

H: .. an einem Tisch sitzen. Wie jetzt gerade. Oder sie sperren Dich gleich ein. Denk doch mal an die Kinder. Unsere Kinder.

Mi: Propotkin hatte auch Kinder. Bakunin sogar zehn.

H: Wer?

Mi: Ok, gelogen.

H: Ossies.

Mi: Russen.

H: Du lässt Dich also einknasten, nur um Dein Mütchen zu kühlen!

Mi: :) :

H: Deine Tochter hat einen Kriminellen zum Vater. Und Mo auch. „Besser heut nich U-Bahn fah`n, der Papa zünd` den Wedding an".

Mi: nennen wir es „Arbeiten am Stand der Technik".

H: Du kannst doch nicht alles aufs Spiel setzen. Deine Arbeit. Uns. Dich selbst?

Sie erträgt es, wie ich morgens um acht zur Arbeit radle, abends nach sieben nach Hause komme und mich sogleich an den Tisch setze, um zu schreiben. Ich weiss ja inzwischen auch, dass ich asozial bin. Dieses zwanghafte Schreiben. Aber es gibt Anlässe. Nicht wenige Dinge erfinde ich mehrmals. Mal liegen Jahre dazwischen, mal eine Nacht. Anfangs habe ich mich noch gewundert und war amüsiert, dass ich gleiche Formulierungen wieder und wieder verwende. Aber wenn einer sich <u>eine</u> ganze Nacht das Hirn zermartert, um <u>einem</u> Absatz den letzten Schliff zu geben, wieder und wieder unzufrieden ist, generiert und verwirft, um dann keine drei Tage später einen alten Text mit exakt diesem Satz, alleine mit dem Unterschied korrekter Orthographie, wiederfindet in einem Aufsatz aus dem Vorjahr, dann muss einer – um nicht zu verzweifeln - verschwiegen sein wie Hermes, oder einen guten Freund haben. Ich habe H.

H: Du weißt, dass Du uns dann alle zum Narren gehalten hast. Jahre lang. 35 Jahre lang. Selbst wenn Du da bist, bist Du nicht da.
Mi: Fünfunddreißig-und-sieben-zwölftel Jahre.
H: Du bist wirklich so ein Ego-Fuzzi. Der größte seit Hermann Hesse.

Ja das stimmt leider. Wenn ich programmiere, bedeutet mir die Eleganz des Codes sehr viel. Da bin ich eitel und stolz drauf. Funktions- und Variablennamen wähle ich sorgfältig. Im wahrsten Sinne des Wortes sinnfällig. Nicht selten stürze ich ganze Routinen, wenn sie nicht im Gesang des restlichen Codes aufgehen. Ich genieße dieses schöpferische Tun. Es ist erhebend, ja, berauschend. Ich klappere diesen bigotten Text ganz gelockert in die Tastatur, weil ich außer mir noch einige Menschen kenne, die ich sehr schätze und bewundere, Reinhard gehört dazu, und von denen ich gleichzeitig wusste und weiß, dass sie alles andere sind, als vergeistigte, selbstverliebte Spinner.
Dieserart begann ich kürzlich an einem Programm zur „schnellen Fluid-Struktur-Wechselwirkung", also „fastFSI" zu arbeiten. Wenn man nicht ständig programmiert, braucht man schon ein paar Tage konzentrierter Arbeit, damit es wieder fließt und flutscht. Nach einer Woche etwa kamen mir Namen und Strukturen verdächtig vor. Ins Wochenende ging ich mit einem seltsamen Gefühl. Am Samstagabend wurden die heimischen Speicher-Sticks durchforstet. Nach Programmen, nach einem Urteil. Siehe da, auf meinem alten Windows-NT-Laptop fand ich den Code. Aus dem Jahre 2004. Saubere Arbeit. Fein ausgewählte Dateinamen, kluge Prozeduren, das ganze Programm ein rundes, funktionierendes Etwas. Nun wusste ich, wo ich am Montag im Büro suchen müsste. Es hätte mich erfreuen sollen, das Wiederfinden. Tat es aber nicht. Ich hatte alles vergessen. Alles. Nicht nur in welcher Weise es funktioniert und geht, sondern dass es überhaupt bereits jemals funktionierte und ging. Dass es da war. Und fertig. Und was mich am meisten daran stört ist, dass ich damals viel besser war als heute. Vielleicht nicht so fit wie meine jungen Kollegen, mit denen ich (noch) das Büro teilen darf. Aber trotzdem ganzschön gut. Wie konnte ich nur vergessen, dass ich dieses kniffelige FFSI-Problem (stellen Sie sich bitte vor: ein Potentiallöser und die elastische Theorie lösen gekoppelt die Aufgabe der Fluid-Struktur-Interaktion eines Profilquerschnitts in 1/1000 der Zeit, die ein CFD-Code braucht) schon einmal gelöst hatte. Ich habe bis heute gebraucht, diesen Schock zu überstehen. Diese Schande. Brauche bis nächstes Jahr oder bis morgen. H sagt, sie begleite mich in die Finsternis.

H: Aber nicht heute!
Mi: Es geht schnell.
H: Ich dachte, Du meinst das eher so theoretisch-symbolisch. Wir wollten doch auf den Türkenmarkt gehen.
Mi: Das tun wir auch. Gleich im Anschluss. Guck mal; das ist nur eine Ecke.
H: … und Du meinst ich soll Dich jetzt hier mit Deiner Gitarre fotografieren. *Sie bleibt stehen stampft mit dem Fuß auf. Eine typische H-Geste, süß.* Du kannst doch gar keine Gitarre spielen.
Mi: Ein Neuanfang.
H: Katholischer Pharisäer!

Ich habe eine schlecht strukturierte Angst, dass ich diesen Text hier schon einmal geschrieben habe. Oder zweimal, oder zehnmal.
Inzwischen sind ein paar Tage vergangen. Eine Woche um den Pfeil der Zeit richtig zu zeichnen. Später Abend.

Mi: Nein, ganz im Gegenteil. Ich empfinde es inzwischen als Glück, wenn sie mich nicht einladen. Ich habe zunehmend Probleme mit Menschen. Und Weihnachtsfeiern mag ich überhaupt nicht. Reden kann ich gut; Aber zuhören nicht mehr. Übrigens: Fidel Castro ist tot.
H: Der lebt noch? Also bis gerade noch, hätte ich beinahe gesagt: Castro, der Macho. Zu viele Kinder mit zu vielen Frauen.
Mi: Und dennoch; aus meiner beschränkten Westsicht: Ein Wahrer der Sache. Ein Drastiker. Schade, satreartig ist er nun nicht gestorben. So mit der Kalaschnikow in der Hand. Die deutschen sahen ihn kritisch. Mochten ihn nicht. Du wirst sehen, wie schwer sie sich nun tun. Die Kanzlerin wird wohl nicht nach Cuba fliegen. Ihm die Ehre erweisen. Sie könnten den Schily schicken. Oder die Hogefeld aus Wiesbaden. Nur zur Beerdigung. Nur für einen Tag. Das hätte eine gewisse Größe und Tradition. Alle reden jetzt wahrscheinlich nur von der Cuba-Krise, den Atomraketen, den Säuberungen. Keiner spricht von den Schulen, den Zahnbürsten für die Kinder, den Krankenhäusern und von der Liebe, die das Volk ihm dafür entgegenbringt *„Por todo el tiempo, para siempre"*. Oben im Regal steht seine Biographie. Als Comic[3]. Wusstest Du, dass er Arzt..
H: .. Rechtsanwalt ..
Mi: Ach, schau an. Deine Sozi-Gene. Dann war Che der Kinderarzt, so war das. Und Motorradfahrer, der Che guevara.
H: Deine TU! Es stört Dich also gar nicht, dass sie Dich nicht einladen?
Mi: Meine und Deine. Und nein.
H: *Schaut ihm über die Schulter.* Ich wollte nur mal schauen, was Du machst. Sitzt vor dem Laptop. Arbeitest. Hackst.
Mi: Du rauchst zu viel, wolltest Du sagen.
H: Das auch. Rauch nicht so viel. *Gähnt.* Deine Anarchisten? Ich hab schon mal den Baumschmuck rausgesucht. Die Kerzen und alles.

---

[3] Castro Castro von Reinhard Kleist Verlag: Carlsen; Auflage: Originalausgabe (1. Oktober 2010) ISBN-10: 3551789657, ISBN-13: 978-3551789655

Mi: Bakunin, Kropotkin[4]. Du hattest Recht, letztens. Aber das war auch eine andere Zeit. Beide ehrenhafte Anarchisten. Sie haben sich der Menschen verdient gemacht. Aber das hier ist etwas Anderes. Im Vergleich zur realen Welt, der bösen Welt, machen wir nur akademischen Schnulli. Könnten wir das nicht einfach ein wenig tiefer anhängen?

H: Deine verbrannten Patente? Ja, das ist was ganz anderes. Es ist einfach nur bescheuert. Ich habe mir Dein T001 SI 482 mal angeguckt. Was soll das überhaupt: T, SI?

In der Tat. Die alten Anarchisten. Fürst Pjotr Alexejewitsch Kropotkin (1842 bis 1921) war ein russischer Schriftsteller. Aufgrund seiner adligen Herkunft wurde er „Der anarchistische Fürst" genannt. Er hinterließ viele revolutionäre und anarchististische Schriften. darunter die revolutionäre Schrift *Die Eroberung des Brotes*. Kropotkin kämpfte für eine gewalt- und herrschaftsfreie Gesellschaft und gilt als einer der einflussreichsten Theoretiker des *kommunistischen Anarchismus*.

Durch eine Lungenentzündung geschwächt, verstarb Kropotkin am 8. Februar 1921. Repräsentanten verschiedener anarchistischer Gruppen, bildeten ein Begräbniskomitee und konnten von den sowjetischen Autoritäten die Freilassung eingesperrter russischer Anarchisten erreichen, unter der Bedingung, dass diese nach dem Begräbnis wieder in die Gefängnisse zurückkehren würden. Mehrere zehntausend Menschen besuchten die Beerdigung am 13. Februar 1921 und machten sie zur letzten großen Demonstration anarchistischer Kräfte in Sowjetrussland.

Mi: Du hast es Dir angeschaut? Lieben Dank. *Das meint er ausnahmsweise nicht polemisch.* SI ist die interne Kennung, die eine Idee hätte, wenn wir sie melden würden ... T sei die laufende Nummer der Veröffentlichung.

H: Ha. Also doch Patente!

Mi: Nein, ja; Oh Gott. Ich meine, wenn es als Patent angemeldet würde. Werden würde. Würde werden. Wie auch immer.

H: Die LABOR-Finne!

Mi: LABFin, ja.

H: Ich hab mir das angeschaut. Aus nicht-technischer Sicht ziemlich gut. So, nun mal raus mit der Sprache. Patent, ja oder nein.

Mi: LABFin ist nur so eine Art Kommunikationsplattform..

H: ... die man einfach mal so verbrennt.. Mann, Micha.

Mi: Ein Bühne für Dialoge, die vollkommen selbstverständlich ist, wie sie ist. Ein Vehikel, das was macht.

H: Das sagst Du immer. Vehikel.

Mi: Vielleicht finden sich ja andere Forscher, die nicht bei Null anfangen wollen. Die sagen dann: „Oh, toll. Wir können unsere Messwerte vergleichen mit den

---

[4] Fürst Pjotr Alexejewitsch Kropotkin (1842-1921) Aufgrund seiner adligen Herkunft und seiner Bekanntheit als Anarchist des späten 19. und frühen 20. Jahrhunderts wurde Kropotkin auch *der anarchistische Fürst* genannt. https://de.wikipedia.org/wiki/Pjotr_Alexejewitsch_Kropotkin

in der Transactions gefundenen Berechnungsdaten. Die Profile, den Auftriebskoeffizienten, das Leistungsvermögen der Finnen.

H: Du glaubst also doch, irgend Jemand interessiert sich dafür, dass Ihr Surfboardfinnen entwickelt? Hier im Wedding. Am Zeppelinplatz. Pardon. Am LED Zeppelin. *Schließt die Augen, macht eine Luftgitarre.* Page, nicht Degenhard.

MI: Ja, nein. *Schraubt entnervt den Füller auseinander. Die Tinte ist alle.* Das ist genau das Problem. H. , was soll das? Natürlich wurden wir dann irgendwie Experten in Sachen „Leit- und Steuertragflächen für kleine Seefahrzeuge". Ich weiß inzwischen eine ganze Menge darüber. Mehr als andere. Irgendwo hatte ich immer noch Tintenpatronen im Vorrat. Ob Du willst oder nicht, ob Du es vorhast oder nur zwangsläufig, du schiebst nach und nach Wissen zusammen, das nützlich sein könnte.

H: Wahrscheinlich bei deinen Buntstiften. *Gähnt erneut. Und fährt gespielt gelangweilt fort:* Aber ganz schön clever: „Leit- und Steuertragflächen für kleine Seefahrzeuge". Für Irgendwas muss das doch gut sein? Was du hier Tag für Tag machst. Und nachts.

Mi: Ist es aber eben nicht. Ich tue gut daran, nicht laut über diese Forschung zu reden. In unserem Hause. Wir sollen doch „Stadt der Zukunft" machen. Alle anderen Veröffentlichungen haben derzeit keinen Wert. Verkaufe mal Surfboardfinnen als Stadt der Zukunft. Deshalb geht es ja zum LED Zeppelin. Gehen WIR runter zum Zeppelinplatz. Übrigens, gut dort. Jetzt.

H: Aber bei MULAB hat es auch funktioniert. Forschung statt Zukunft.
Dann geh mal schön alleine deine Patente verbrennen… Finnen. Deine geliebten Surfboardfinnen.

Mi: … dont make me loo-oose ..

H: .. keinen fatalistischen Blues jetzt. Die LABORFINNE. *Plötzlich hellwach.* Weiter, Micha.

Mi: Walzerblues. LABFin, ja.

H: ok.

Mi: Wir sind doch nur Theoretiker…

H: :):

Mi: Keinen Menschen interessiert hier, was wir machen -

H: .. was DU machst!

Mi: Ja, verdammt, ich. Was ICH mache.

H: weiter!

Mi: Ich muss mit ansehen, wie ein Projekt stirbt. CARPO ist eigentlich der Hammer. Wir entwickeln Surfboardfinnen. Nach dem Vorbild der Delfin-Hände. Das ist so unglaublich. Neuseeland, Barrier Riff. Hawaii. Coco Ho.

H: Coco, was?

Mi: Ho. Die Tochter von Mikel Ho. Ein Surf-Girl. In der Szene der Knaller.

H: verstehe.

Mi: Keiner will wissen, wie diese Dinger wirklich funktionieren. Wir forschen im eigenen Saft. Und niemand ist wirklich daran interessiert.

H: Nur Du!

Mi: Surfboardfinnen sind das Unglaublichste, was ich je erforscht habe!

H: Aha. So im Labor, meinst Du.

    … und plötzlich bist Du Experte. Für das Surfen. Eigentlich wartet die Welt auf
    Dich! Und auf Deine Finnen.

Mi: so in etwa.

H: Ich erinnere mich an Sankt-Peter-Ording. Du auf einem Surfbrett. Es war so
   peinlich.

Mi: Aber ich habe mir dann dessen anlässlich einen eigenen Surfanzug gekauft.
   Surfen ist eine Lebenseinstellung. Kein Sport. Egal, wie hoch die persönliche
   Performance …

H: In diesem Ding siehst Du aus wie eine Leberwurst.

Mi: stimmt.

H: und bei der kleinsten Welle… platsch!

Mi: Genau, es geht nämlich um das Wellensurfen. Nicht ums Windsurfen.

H: … oh, super. Wenn Du nicht mal ein Segel hast, um Dich dran festzuhalten…

Mi: Wie auch immer. Es gibt so gut wie keine Forschung auf dem Gebiet der
   Surfboardfinnen.

H: Und Du bist jetzt der Fidel Castro der Surfboardfinnen. Der Rvoluzzzer.

Mi: Das ist jetzt pietätlos.

H: stimmt. Aber Du bist keinen falls ein Finnen-Guru und auch kein Guerilla-
   Surfer. Micha, wach auf. Und außerdem …

Mi: ja?

H: das Ding da am Anfang.

Mi: ja?

H: Es reimt sich gar nicht. Deine Pi-Pi-Lyrik: Komm, wir gehen Patente
   verbrennen im Park …. Das ist, … na, ja, Bullshit.

Mi: ok. Kein Jambus.

H: kein Jambus! Ja. Du solltest diese „Serie" einstellen. T-SI- bla. Vergiss es,
   Micha!!

Mi: Es ist … Es ist aber irgendwie wichtig. Du glaubst es mir nur nicht. *Die
   Tastatur klappert.* Nicht mal Du! *Datei after Datei.* Da war so ein Ding?

H: Doch.

Mi: .. wenn ich jetzt jung wäre… Mist, wo ist es nur?

H: ein alter Mann…

Mi: … wenn ich noch einmal SO jung wäre wie..

H: .. wie das CoCo-Girl …

Mi: *Endlich hat er die Datei gefunden, nach der er auf dem Laptop kramt.* Dann
   würden wir beide Surfen. Du und ich. Am anderen Ende der Welt. Wir hätten
   die erste Finne, die die Idee eines Manövers erkennt, sich intelligent verformt
   und dieses Manöver selbstständig ausführt. Unsere Finnen wären kleiner,
   schneller, effizienter. Lenkbar wie ein Skate-Board. Pfeilschnell.
   Ich hätte SOO ein Pfund unter meinen Füßen. *Breitet die Arme aus.* Und
   gerade Du, der Draußen-Mensch. Auf diese Bretter würdest Du abfahren.
   Oder: Was würdest Du dann an meiner Stelle machen? Lurchi[5]? Mit diesen
   Möglichkeiten!, Guck mal.

H: … Was ist das denn? *H. reißt sich die Brille von der Nase.*

---

[5] Micha arbeitet heimlich an einem letzten, großen Werk: „Mein Leben mit Lurchi", wovon H. nichts
ahnt. Natürlich nicht. Für Unkundige: http://www.lurchi.de/lurchi/lurchi-hefte.html Was für ein
aufregendes Leben! Lurchis Abenteuer wurden bisher in 156 Heften aufgeschrieben und gezeichnet.

Micha, das darf nicht wahr sein. DAS ist der SuperGau. Das Ende jeder Beziehung. Für Alles. Sag, dass dieses Foto nur eine Montage ist.

Skaten plus Surfen im Schnuffu-Land und das ultimative Ende aller IRON-Men[6].

Inzwischen hat das neue Jahr begonnen. Es ist spät geworden im Arbeitswohnzimmer. Das Schnuffu-Karnickel ist schon sein etlichen Jahren tot. Aber kein Mitbewohner hat es bislang gewagt, die „Warnung vor dem Hasen" abzuhängen. Ich glaube, es war der Tapetenkleber, der ihn dahingerafft hat. Bevor es mit ihm zu Ende ging, bereicherte sich der Tierarzt göttlich. Ich erwähne das an dieser Stelle nur, weil das Patenteverbrennen ja auch Armutsursachen hat. Wenigstens ist der ONKO jetzt durch den TÜV gekommen. Ich rechne kurz durch: 4 Gebrauchsmusteranmeldegebühren hat mich das gekostet. Wenn man die Prüfung und Recherche mitzählt, sonst 14 mal Anmeldegebühr. Im analogen Verfahren. Ohne ih-Banking. Egal. Unter meinen Füßen dampft meine Wärmflasche. Das ist wunderbar angenehm. Auch weil die Balkontür irgendwie undicht ist. Bei wahrscheinlich minus zehn Grad. H. schaut herein. Liest mir über die Schulter.

H: Das Brennen geht weiter!
Mi: Ja.
H: Ich dachte, Du kommst 2017 mal zur Besinnung.
        Aber das Gegenteil ist der Fall. Jetzt produzierst Du Deine Patente gleich für den Led Zeppelin. Sagtest Du nicht, Du hättest Dein Schmusi-Board erst am Samstag zusammengeschrieben?

---

[6] Bügeln: To do the IRONING. Only for Iron-Men. Siehe außerdem: Extrembügeln ist eine ausschließlich im Freien ausgetragene Extremsportart mit dem Ziel, selbst unter anspruchsvollsten klimatischen, geographischen und körperlichen Bedingungen mittels eines heißen Bügeleisens und eines Bügelbretts Wäsche zu bügeln. https://de.wikipedia.org/wiki/Extrembügeln

Mi: COSY. Es heißt Cosy-Board.

H: Wir haben auch einen Schredder, Micha. Geerbt. Das geht schneller.
Lass mal sehen.
„finnenloses Surfboard für das Wellenreiten, dadurch gekennzeichnet,
dass dessen der Wasseroberfläche zugewandte Seite
-    wo sind Deine Kommas, Micha ?? - …. mit Polstoff bewehrt ist, und so
    weiter.. bla, bla, blubb.
Klingt ja sehr interessant! Und Du willst es ernsthaft Schmusi-Board nennen?

MI: COSY und Kommata. Cosy-Board. An sich und an Surfboards ergeben
Polstoffe absolut Sinn….
Oder auch nicht. Gleichwohl wohnst Du der Verbrennung bei. Digital.

H: Coco rides COSY-boards. Ich sehe ihn richtig vor mir auftauchen, den süßen,
kleinen COSY-Po ..
Verdreht die Auge, Verschränkt die Arme. Irgendwie mag sie Coco Ho nicht.
Mann. Das ist doch keine Wissenschaft. Ich nehme mir auch extra frei für den
Zeppelin. Jetzt mach Schluss für heute.

Mi: nein, ja, .. versteh doch: Hätte ich das Vorhaben „Bieberboard" oder „Biber
ohne E – sein Board" oder „vom Schnabeltier verweht" nennen sollen?

H: Martenstein hätte es „dem Biebricher sein Brett " genannt. Wann ist
eigentlich dieses Jahr Karneval? …

Mi: Fassenacht. Martenstein schreibt auch nicht immer Besseres. Aber
wenigstens nicht für den Müll; stimmt. Der lebt sogar davon.

*Fährt das Betriebssystem runter. Klappt schon mal den Rechner zu. Findet
noch einen Schluck Kaffee im Pot. Ist sichtlich guter Dinge und kein wenig
müde. Was jetzt irgendwie unpassend ist. Ausladende Geste. Große Rede.*

Weißt Du noch? Genau vor einem Jahr war das. In der Fassenacht-Abteilung
haben wir dann endlich den guten Plüsch bekommen. Für die Finnen. Die
Finnen. Die doofe Verkäuferin. Hielt uns doch tatsächlich für verrückt. Ich
warte doch extra auf Fassenacht. Damals hast Du mitgezogen. Huch, wo bist
Du denn? Aber ja, Du hast schon Recht. Es reicht für heute. „Dem Biebricher
sein Brett ". Eine guter Titel für eine gute Gutenachtgeschichte. Wie hieß das
ursprünglich noch? NUTRIA ist kein Brotaufstrich? Offenbar war Ich schon
immer so bekloppt. Das muss ja unerträglich für Dich sein.

*Die Erkenntnis läuft ins Leere. H. ist schon weg. Ich rede mit dem Spiegelbild
in der Balkontür. Und: Ich glaube, nein ich weiß jetzt, meine Umnachtung hat
viel früher eingesetzt. Sehr viel früher. Na, und? Wenn es immer so lustig
abläuft wie jetzt gerade, ist es doch OK, oder? … kein Brotaufstrich? Er gibt
mir Recht und lacht sich tot. Der dicke Däne. Halt. Die Wärmflasche
mitnehmen. Licht ausmachen. Ach, auf dem Balkon.*

Der europäische Biber (*Castor fiber*) hat eine spindelförmige Körperkontur mit einer
Körperlänge von bis zu 1.4 [m]. Das Tier kann bis zu 20 Jahre alt werden. Sein
Schwanz (Kelle) ist unbehaart, von einer lederartigen Haut bedeckt und abgeplattet;
vermutlich extrem widerstandsarm. Die direkte Beobachtung und Anschauung von
Bibern ist theoretisch gegeben, erste qualitative Aussagen möglich. Der Berliner Zoo

ist wunderschön und eigentlich immer sein Eintrittsgeld wert. Auch ohne Knut. Aber gerade das Bibergehege ist grottig. Selbst als bescheidener Mensch und geduldiger Beobachter lerne ich hier nichts über das Schwimmen der Biber. In freier Wildbahn gibt es in Berlin immerhin Biberratten (*Myocastor coypus, auch Nutria genannt, Coypu oder Wasserratte*). Diese sind mit einer maximalen Körperlänge L< 1.1[m] ein ganzes Stück kleiner als die (europäischen) Biber. Der Rehbergepark ist keine fünf Fahrradminuten vom Labor entfernt und immer menschenleer, warum auch immer. In einem versumpften kleinen Teich hausen sie, die Wasserratten. Inzwischen wissen wir, dass uns der „Biber für Arme", nicht weiterhelfen kann.

Die Frage betraf den Schweif. Viele Wirbeltiere, die im Wasser Leben schwimmen mit eleganter Ganzkörperbewegung voran. Schlanke Schwimmer wie etwa der Aal führen eine Schlängelbewegung aus, wobei die Wellenlänge der Bewegung erheblich kürzer ist, als die Rumpflänge. Aale besitzen deshalb keine Schanzflosse. Fische und wasserlebende Säugetiere führen ebenfalls eine (Ganzkörper-) Schlängelbewegung aus. Die Wellenlänge der Körperbewegung ist größer als die Körperlänge; deshalb ist die Schwanzflosse erforderlich. Bei Robben (Pinnipedia), Seehunden (Phoca vitulina) und anderen zum Wasserleben übergegangenen Raubtieren ist der Schwimmstil eine komplexe Mischform aus (Ganzkörper-) Schlängelbewegung und Paddelantrieb. Bei anderen Lebensformen ist der Schweif funktional in den Bewegungsprozess eingebunden. Der Biber benutzt seine Kelle (Schweif) weniger als Antrieb; eher zum Manövrieren bei der Arbeit. Hier dient die horizontal stark abgeplattete Kelle hauptsächlich als Tiefenruder beim Tauchen. Die Oberflächenstruktur ist hochinteressant; statt mit Fell ist die Kelle mit hornigen Hautschuppen besetzt. Außerdem funktioniert die gefäßreiche Konstruktion als Wärmetauscher um überschüssige Wärme an die Umgebung abzugeben. Auf der Flucht vor Angereifern und Feinden arbeitet die Kelle als Startbeschleuniger. Bei Gefahr warnt der Biber seine Artgenossen mit einem „Signalschlag" der Kelle auf die Wasseroberfläche und verschwindet blitzschnell.

Aber betrachten wir noch einen Moment das Halbtauchen der Biber. Der Schweif leiste im Nachlauf des Rumpfes keinen Beitrag zum Voranschwimmen. Eine vertikale Wellenbewegung der Kelle schließen wir vielleicht an dieser Stelle zunächst mal aus dem idealisierten Bewegungsmodell aus. Dennoch gibt es an einem Fluidsystem Gestaltungsparameter, die passiv die Qualität des Voranschwimmens beeinflussen. Der Formwiderstand, der Reibungswiderstand und bei Halbtauchern (und sogar bei knapp unter der Wasseroberfläche tauchenden Schwimmern) der Wellenwiderstand. Neben der Geometrie kommt der Relativgeschwindigkeit Bedeutung zu. Geht in Form- und Reibungswiderstand die Geschwindigkeit quadratisch ein, beeinflusst sie den Wellenwiderstand in der dritten Potenz. Gleichzeitig vergrößert sich die den Reibungswiderstand bestimmende benetzte Fläche des Strömungskörpers linear mit seiner Länge. Auf die Froudezahl jedoch - und damit auf den Wellenwiderstand- wirkt die Länge der Wasserlinie des halbgetauchten Strömungskörpers proportional in der Wurzel im Nenner vorteilhaft. Länge läuft, heißt es so schön unter den Seefahrern.

Außerdem sollte sich später herausstellen, dass auch der Biber als Ganzes weder ein gut untersuchtes fluidmechanisches System ist, noch sich jemand für sein Halbtauchen interessiert. Sein Halbtauchen, was für ein Wort. Ich finde kein publiziertes Wissen über das Schwimmen der Biberartigen, was ich hier an dieser Stelle bedauern möchte, noch vermute ich, dass der Beitrag, den wir - mit

Hausmitteln - zu leisten in der Lage sind, wirklich von Bedeutung ist. Ohne Schweif schwimmen zu gehen ist – das ahnen wir bereits jetzt – für einen Biber einfach keine Option. Und vermutlich wird es nicht ganz trivial, solch einem Halbtaucher in freier Wildbahn beim Halbtauchen zuzusehen.

Biebrich. Lange bevor der Herzog von Nassau später hier ein wunderschönes barockes Schloss baute und lange bevor sich die Biebricher im frühen Mittelalter auf das Handwerk der Strandräuberei kaprizierten, siedelten dort ihre Namensgeber und jetzigen Stadtwappentiere aus einer offenbar sehr ähnlichen Erfahrung heraus. 

Hier, wo der Fluss mal reißend mal träger aber immer von majestätischer Präsenz einen Richtungswechsel von neunzig Winkelgraden vollströmt, ließ sich hervorragend vom Strand sammeln, was Trägheit und Masse Tribut zollend, der Kurve des Stromes nicht folgen will. War es in grauer Vorzeit Gestrüpp und Geäst, das von den braven Baumeisterbibern zu Dämmen verflochten, die vielen einmündenden Bäche und Flüsslein, die vom hohen Taunus ins Tal fließen, in Seen und wohnliche Burgen verwandelte, mussten die Ureinwohner dieser sonnenver- wöhnten Rieslinglage schon mal stromaufwärts fahren und ein wenig dem Schicksal nachhelfen, sodass der unschuldige Strom die vom Schiff gefallenen, von Bord gestoßenen oder durch Schiffbruch auf andere Weise in den Fluss gelangten Fässer und Kisten und Truhen und sogar Weiber einstweilen, an den Biebricher Strand tragen konnte. Leichte Beute also nach solider Vorarbeit flussaufwärts.

Später dann hielt auch hier der Landesherr seinen Beutel auf, an dieser ach so günstigen Stelle. Vom Flusspiraten zum Schultheiß ist es vielleicht doch nicht ein so großer Schritt. Noch heute das alte Zollhaus direkt am Fluss.

Was sie mit den Bibern gemacht haben? *„ei die sinn' halt lang fort, gell. Vielleischt uffgegesse' …!"* Von Räubern, Piraten, Halunken und anderen Barbaren abzustammen ist für den gewöhnlichen Biebricher gewiss eine Bürde, aber er trägt es Humor und Gesang. Hier in Biebrich, am Tor zum wunderschönen Rheingau entstanden übrigens auch Wagners Meistersänger.

Und: Als Julius Cäsar 54 v. Chr. im Gallischen Krieg dort, wo der Fluss den harschen Knick macht, über den Rhein setzte, stieß er auf den Widerstand des germanischen Volksstamms der Ubier. Das mag gegebenenfalls ein anderer Ursprung des Namens Biebrich sein. Dennoch ist seit 1636 ein aus dem Wasser steigender Bieber (ursprünglich mit einem Fisch im Maul, später mit dem Schlüssel der Stadt) das Wappentier[7].

Wie auch immer. Als greife der lange Arm der Gerechtigkeit aus der piratösen Vergangenheit bis in die Gegenwart hinein, so liegt ein Fluch auf dem Knick im Fluss: Nicht Fässer treiben an, nicht Habe, auch Weiber nicht; heute klagt der gemeine Biebricher über den Müll, der infolge der Knielage und stinkend am sonnigen Kiessteinstrand angeschwemmt wird.

Mi: Nennen wir sie COSY-Finnen und verbrennen sie gleich mit.

---

[7] Graphik des Stadtwappens entnommen aus: http://de.wikipedia.org/wiki/Wiesbaden-Biebrich

Es ist inzwischen Dienstag der 17. Januar 2017. Wieder die Wärmflasche unter den Füßen. Ich rauche zu viel, bin nervös. Es ist spät. Wie immer. Morgen wird ein Vergehen verhandelt, das ich begangen habe. Mein Vergehen. Nein ein Verbrechen. Mobbing. Ich bin der Meister des Mobbing. Mein Spezialgebiet: hinterhältiges Mobbing. Zu Beleidigung und Beleidigtsein der Kollegen führendes Mobbing. Zu Anzeigen führendes Mobbing. Meister des zu Schadensersatzforderungen führenden, die Gesundheit schädigenden, die Person und die Persönlichkeit eines sensiblen, feinfühligen Kollegen angreifenden, verletzenden Mobbings. Krankheit, Arbeitsunfähigkeit letztendlich den Rentenfall auslösen wird dieses Mobbing. Den Tod. Natürlich; was sonst. Gibt es denn keine anderen Probleme, als beleidigt sein? Trump, Merkel, Schulz. Der Nachrichten-Ticker kocht heute. Aber nein, wir grämen uns über solchen Schnulli-Kram?
Es wird glimpflich ausgehen. Vielleicht. Natürlich. Ich werde geloben, nie wieder zu behaupten, dass die Sicherheitsstrukturen unserer Rechner die Forschung behindern. Nein das tun sie nicht. Hätte ich Sicherheitsterror sagen sollen? Um Gottes Willen. Hätte ich verhindern sagen sollen? Nein. Ihr seid im Recht und ich trage Schuld. Schuld, ja. Wird mich jemand entschuldigen? Wer? Ich solle mich entschuldigen, so die Forderung des sensiblen Kollegen. Ich mich selbst! Kann man sich überhaupt selbst entschuldigen? Das ist doch vermessen, oder? Sich selbst. Ha!

Mi: Ich sehe überhaupt nicht hypertonisch aus. Der Hyper-Toni.
H: Mi, Du warst schon die ganze Zeit alleine dort; jetzt bist Du eben alleiner. Geh
        hin und komm heim. Da bin dann ich.
Mi: Sehr lieb.
H: Und wir bauen Dir ein COSY-Board.
Mi: Aus unserem Wisch-Mobb. COSY-Skater! Mobbi-Blades!
H: Genau. Das mobbt, Micha!
        Vergiss den Rest.
Mi: Ja.

22. Januar 2017. Keine weiteren Dialoge. Beschleunigung der Verbrennungen.
07. Februar 2017. Keine weiteren Dialoge. Weitere Beschleunigung der Verbrennungen. Eines vielleicht noch, fairerhalber. Es gibt wieder Türschilder. Meinen jungen systemrenitenten Kollegen sei Dank.

BEI GRIN MACHT SICH IHR WISSEN BEZAHLT

- Wir veröffentlichen Ihre Hausarbeit,
  Bachelor- und Masterarbeit

- Ihr eigenes eBook und Buch -
  weltweit in allen wichtigen Shops

- Verdienen Sie an jedem Verkauf

Jetzt bei www.GRIN.com hochladen
und kostenlos publizieren